# 我的第一本
# 心理



大翼翼 / 著　韩胜利 / 绘

SPM 南方传媒　广东人民出版社
·广州·

**图书在版编目（CIP）数据**

我的第一本心理书 / 大翼翼著；韩胜利绘．—广州：
广东人民出版社，2024.3
ISBN 978-7-218-17459-4

Ⅰ．①我… Ⅱ．①大… ②韩… Ⅲ．①心理学—少儿
读物 Ⅳ．① B84-49

中国国家版本馆 CIP 数据核字（2024）第 059719 号

WODE DI-YI BEN XINLI SHU
我的第一本心理书
大翼翼 著 韩胜利 绘



**出 版 人：**肖风华

**责任编辑：**马妮璐
**责任技编：**吴彦斌
**装帧设计：**李舒园 马文红

**出版发行：**广东人民出版社
**地　　址：**广东省广州市越秀区大沙头四马路 10 号（邮政编码：510199）
**电　　话：**（020）85716809（总编室）
**传　　真：**（020）83289585
**网　　址：**http://www.gdpph.com
**印　　刷：**天津海德伟业印务有限公司
**开　　本：**710mm×955mm 1/16
**印　　张：**8 **字　　数：**140 千
**版　　次：**2024 年 3 月第 1 版
**印　　次：**2024 年 3 月第 1 次印刷
**定　　价：**38.00 元

**如发现印装质量问题，影响阅读，请与出版社（020-85716849）联系调换。**
**售书热线：（020）87716172**

# 人物介绍

**金小豆**

男孩，学霸，班长，组织能力强，做事坚持有耐心。

**齐萌萌**

爱美，任性，会因为一些小事发脾气。

**郑多多**

大话王，爱吃爱喝的乐天派，经常犯错误，什么事来得快去得也快。

**董天宇**

喜欢钻研，爱看书，不爱社交，缺乏主见。

**郑小朵**

郑多多的双胞胎妹妹，和郑多多总是闹别扭，是个大力气的“女汉子”。

**李好好**

胆小，内向，不善于表达自己。

**白老师**

语文老师，认真负责，对学生要求严格。

# 目录

第 1 章
## 社交的智慧

## 第 2 章 情绪急救站

## 第 3 章 勇敢地表达

## 第 4 章
## 学会管自己

# 第1章

# 社交的智慧

# 1 遇到困难怎样开口求助？

我们遇到困难需要同学帮忙的时候，不要因为之前和同学发生了小矛盾就不敢开口，要学会勇敢地表达出来，也许同学根本没有把那件事放在心上呢。

家庭得力小帮手齐萌萌，自告奋勇帮妈妈去小区的超市采购。她从超市里出来的时候，手里的袋子已经变得沉甸甸的了。还没走多久，她就坚持不住了。

好累啊！早知道我就不一个人出来帮妈妈买东西了。

齐萌萌在路边休息时，看到了迎面走过来的董天宇和郑多多。齐萌萌想让两位同学帮助自己，但突然想起昨天刚和郑多多闹完别扭，内心有些胆怯。

那是……
昨天出去踢球真好玩。
下次再一起玩呀！

几番思想斗争以后，齐萌萌还是决定试一试。

我买了好多的东西拿不动了，你们能帮我拿一下吗？
好啊！
没问题，我可是大力士！

大力士郑多多拿起最重的袋子，三个好朋友高高兴兴地往萌萌家里走去。

萌萌，你昨天不是说不和我说话了吗？
那……那是气话啦！

## 和心理博士聊聊天

问 我刚和他吵完架，他会帮助我吗？

答 帮助别人是一件快乐的事情，很多人都是乐于助人的。何况同学之间更应该互帮互助，你不求助，别人又怎么知道你需要帮助呢？

**行动指南：**需要别人的帮助时，最好使用一些表示礼貌和抱歉的话语，这样的表达方式会让对方更容易接受，也会给别人留下一个好印象。

# 2 送礼物和收礼物

同学们是不是经常因为送礼物而头疼呢？其实送礼物只是同学之间情谊的一种表达方式，代表的是我们对朋友的美好祝福，心意到了就可以，不应该过分在意礼物的价值。

郑多多邀请班级里要好的同学来参加他的生日会，同学们带着礼物开开心心地来到多多家。金小豆和齐萌萌都送上了准备好的礼物。

哇！我最喜欢的遥控汽车，谢谢班长。
生日快乐，多多。
别客气呀！
变形金刚，我不是在做梦吧？谢谢萌萌！

郑小朵送给哥哥一只可爱的小熊。此时，李好好有些坐立难安。

小朵送的这只小熊，长得和多多一样可爱。
大家的礼物都太好了，我的礼物多多会不会不喜欢？
那是你的心意，我想多多一定会喜欢的。

在班长金小豆的开解下，李好好鼓起勇气把礼物送给了郑多多。

多多，我亲手给你画了一幅画，希望你喜欢。
你的画完美地再现了我的绝世容颜，我很喜欢！谢谢你！
多多喜欢真是太好了。

大家一起帮多多过了一个快乐的生日。

祝多多生日快乐！

## 和心理博士聊聊天

问 如果对方不喜欢我送的礼物，是不是以后就不跟我玩了？

答 送礼物的时候人们一般都会有心理负担，害怕对方不喜欢，害怕别人送得比自己好……这些都是正常的。要明白友情是无价的，送礼物就是在送祝福，不管送什么礼物，你对同学的祝福都是不会变的。

**行动指南：** 很多人在送礼物时，都会想送什么样的、多少钱的礼物最合适。其实礼物的价值远不如同学之间的情谊重要。有些礼物可以不花一分钱，也同样显得珍贵，如自己动手用心制作的礼物。

# 3 拒绝和被拒绝

遭到别人拒绝和拒绝别人都是生活中很常见的事情，遇到这种事情时不要不开心，平常心对待就好。

学校要举办一次小学生话剧表演比赛，白老师让艺文兼备的齐萌萌负责这次的演出。郑多多第一个来找齐萌萌争取角色。

同学们，这次的话剧演出由齐萌萌同学负责。
欢迎大家来找我报名，我们一起努力把演出筹备好。
萌萌，你看我这健壮的身体是不是很适合小恐龙这个角色？
没问题呀，感觉你非常符合小恐龙的形象呢！
那我赶紧去准备喽，谢谢萌萌！

董天宇找到齐萌萌，也想报名小恐龙的角色。齐萌萌左右为难起来，因为她事先答应了郑多多。

如果我拒绝了天宇的请求，他会不会不理我了呀？
但是他的确不太适合这个角色呀，我应该坚持原则吧？

齐萌萌思考再三，终于鼓起勇气，对董天宇说明了情况。

天宇，刚才我已经把这个角色分配给多多了。你能再选个别的角色吗？
唉，好吧……

## 和心理博士聊聊天

问 拒绝别人的话好难说出口，怎么办？

答 生活中，只要有交往，就会有拒绝，或许哪天你也会被别人拒绝呢？所以不要感到为难，真诚且大方地告诉对方原因，相信他会理解你的。

**行动指南：**拒绝别人的时候，要向对方说明拒绝的原因，并真诚地表达出自己的想法，相信对方也是愿意接受和理解的。

# 4 比赛失败了，怎样安慰朋友？

好朋友在比赛中失利，适当的鼓励和安慰有助于让好朋友重拾信心，也是朋友之间增进感情的好机会。

在学校的接力赛中，四年级三班的男生们个个摩拳擦掌，希望能在这次接力赛中取得好成绩。比赛开始后，大家都奋力奔跑，眼看四年级三班已经领先于别的班了，没想到……

啊！不好！棒掉了！

事故发生后，天宇赶紧捡起接力棒，继续拼命地奔跑，同学们也在为他加油鼓劲，可是因为捡棒耽误了时间，最后还是没能赢得比赛。

天宇加油！
赶紧捡起！

董天宇很自责，觉得都是因为自己才输掉了比赛。金小豆想安慰天宇，但又怕说错话让他更不开心。

怎么安慰天宇好呢？

最后，金小豆决定和其他同学一起安慰董天宇。

友谊第一，比赛第二。
天宇别自责了，下次比赛我们再争取就好了！
重在参与嘛！

## 和心理博士聊聊天

**问** 不知道如何安慰朋友，万一说错了怎么办呢？

**答** 在朋友需要安慰的时候，作为好朋友的你，这时候不要吝啬安慰和鼓励。有时候你的一句话或一个动作，也许就会让对方重拾信心。

**行动指南：**安慰朋友时，可以借助语调、手势等更好地表达自己的情感，这样对方听到后更容易被鼓舞。比如拍拍他的肩膀。

# 5 如何诚恳地道歉？

在与同学的交往中，我们可能会因为做错事而伤害到同学。其实越在这种时候，我们越应该勇于承认错误，学会和同学道歉，这才是挽回友情的方法。

郑多多拿着新买的电子蜘蛛，正往班里走时，碰到了李好好。于是，郑多多想到了一个捉弄李好好的主意。

看见虫子竟然害怕成这样。
电子蜘蛛！
啊啊啊！

齐萌萌看到这一幕，拿起电子蜘蛛气愤地扔向郑多多。

××室
以其人之道，还治其人之身。

你怎么能吓唬好好呢？
快跟她道歉。

对不起，我没想到你胆子这么小，看到这个假蜘蛛，也能吓成这样。
我不想原谅你！

白老师看到这一幕，斥责郑多多不仅对同学搞恶作剧，还没有意识到自己的错误。郑多多认真想了一下，知道自己错在哪里了，于是下课后主动向李好好再次道了歉。

郑多多，你把好好吓坏了，道歉还不真诚，怎么能得到对方的原谅呢？

好好，今天是我不对，我不该吓唬你，对不起，我知道错了。
没关系啦。

## 和心理博士聊聊天

问 作为男孩子，我主动道歉是不是很丢人呀？

答 主动承认错误、跟同学道歉并不丢人。犯了错误不知道改正，继续错下去才丢人。所以我们一定要做犯了错误主动道歉的好孩子。

**行动指南：**向别人道歉时，态度要诚恳，可以就具体的事情向同学承认错误，争取对方的谅解。不要过多地解释错误和埋怨对方。

# 6 遵守集体规则

生活中存在许多规则，我们不仅要知道规则的重要性，还要严格地遵守。如果人人都不遵守规则，那我们的生活会一片混乱。

郑多多和金小豆在小区里下五子棋，董天宇在一旁做裁判。

我选黑子吧！
那我选白子，比赛输的人要请赢的人吃巧克力哟！
我来做裁判。

金小豆先发制人，步步为营，眼看就要取得比赛的胜利了！

多多，你这下棋技术不行啊，我马上就要赢了！
这可怎么办啊？我可不想输掉零花钱。

这时齐萌萌走了过来，和小伙伴们打招呼。齐萌萌走后，董天宇发现了棋盘的异样，连忙指了出来。

不了，我还有事要先回家。
萌萌，你要和我们一起玩吗？
嘿嘿，趁他们不注意……
有人动了棋盘！
多多，是你动的吗？
我才没有！

金小豆看郑多多拒不承认，非常生气。两个小伙伴对郑多多的表现非常不满，他们认为郑多多不遵守游戏规则，于是生气地走掉了。

玩不过就作弊，我真的很生气！
多多，你确实做得不对！
哎，小豆，天宇……
哼！多多敢做不敢当，让他自己玩吧！

## 和心理博士聊聊天

问 我可是大名鼎鼎的郑多多，凭什么要遵守规则？

答 个体是属于社会的，社会中的每个人都得遵守规则，绝不能搞特殊化。如果每个人都因为这样或那样的理由不遵守规则，那整个世界就都乱套了。

**行动指南：**如果遇到特殊情况不能遵守规则时，就要向朋友说明情况，求得对方的理解。

# 7 集体活动迟到了

参加集体活动时，迟到是非常不礼貌的，会耽误大家的时间，所以当我们参加集体活动时，要避免迟到。

妈妈带着齐萌萌一起随团旅行，在出发时，导游开始清点人数。

咦？王奶奶和她的孙女怎么还没到呀？

大巴车快要开的时候，王奶奶才带着她的孙女慢悠悠地朝这边走过来。

您下次千万要注意别迟到了。
人老了动作慢，再说不也没耽误事吗？

到了景区，导游安排大家自由活动，约定 14∶30 在下车地点集合。可是到了集合时间，王奶奶和她的孙女还是没有到，大家对她们都非常有意见。

这都快 15∶00 了，还差谁啊？
还差王奶奶和她的孙女。
总是等她们，真烦！
妈妈，我们下次也迟到半小时吧，反正来了也要等，这样还能多玩半个小时。
我们是集体出行，不能因为自己而耽误大家的时间。

## 和心理博士聊聊天

问 别人迟到了，我是不是也可以迟到？

答 向别人学习时，应该学习他人身上的优点，而不是缺点。迟到是一种非常不礼貌的行为，要坚决杜绝。

**行动指南：**如果对方经常迟到，就要好好跟对方沟通了，让对方意识到这是非常不礼貌的行为。

# 8 和朋友闹别扭了，想和好怎么办？

和朋友闹了别扭以后，如果想挽回友情，就要勇敢地走到朋友面前，说出自己的想法，这样双方就能相互理解了，两人的矛盾也可能会就此解开。

齐萌萌遇到了幼儿园时的同学，和她热火朝天地聊起了小时候的事情。在一旁的郑小朵感觉受到了冷落，于是和齐萌萌吵了起来。两个小伙伴越吵越凶，最后谁也不理谁了。

你就是故意的！
我刚才不是故意冷落你的。
你太过分了，不听人家的解释，再也不和你玩了！

第二天，郑小朵看到齐萌萌和李好好、董天宇在一起玩游戏，心里很不是滋味。

其实萌萌对我挺好的，上次还送给了我礼物。我是不是有些无理取闹了？

当她在图书馆门前看到齐萌萌时，很想向她解释，但是碍于面子又不想主动找她。这时，恰巧齐萌萌也看见了郑小朵。做了一番思想斗争后，郑小朵走过去向齐萌萌道歉。

她看到我了，我要不要过去呀？我还是不想失去这个朋友。

萌萌，那天是我不对。
我也不好，那天说话太急了。

两个好朋友解开了心结，化解了矛盾，又和好如初了。

## 和心理博士聊聊天

问 我想主动和萌萌和好，但如果她拒绝我了，是不是很尴尬？

答 朋友之间因为一些小误会而争吵很正常，在反思自己的行为和言语带给对方的伤害后，能够主动与朋友和好，已经表示了自己的态度，如果被对方拒绝也没有关系，因为你左右不了别人的想法，做好自己就行。

**行动指南：**想要和朋友和好时，先让自己冷静下来，想一想朋友的优点和平时对你的帮助，增加主动和好的勇气和决心。

# 9 去同学家中做客

被邀请去同学家做客，尤其是见到同学家长时，难免会有些不知所措。其实，只要我们有礼貌，落落大方，遵守行为规则，做客是一件很愉快的事。

周末，齐萌萌和李好好被董天宇邀请到家里做客。不经常去别人家里做客的李好好感觉有些紧张、不安。

杂货铺
IXZY
去天宇家做客有点紧张，可是不去又不行，昨天都已经答应他了。

怀着忐忑的心情，李好好来到董天宇家门口，董天宇正在门口迎接她们的到来。齐萌萌上前热情地和天宇打招呼，而在一旁的李好好却不知道应该说些什么。

好好、萌萌，欢迎你们来我家做客。
天宇，谢谢你邀请我来你家做客，这是送你的礼物。
嗨，天宇，我……
IXZY

董天宇向爸爸妈妈热情地介绍来家里做客的李好好和齐萌萌。面对董天宇一家人的热情欢迎，齐萌萌的表现可以说是应对自如，而李好好显得有些局促不安。

欢迎萌萌和好好。
这是我的同学齐萌萌和李好好，好好还是我的新同桌哦！
叔叔阿姨，你们好！
你……们好！

回家的路上，李好好想到今天在董天宇家的表现，内心非常懊悔。她在心里默默发誓，以后再去同学家做客要像齐萌萌学习，千万不能再像今天这样了。

今天在天宇家表现得太紧张了，下次一定不能这样了。

## 和心理博士聊聊天

问 去同学家做客，要和好多人打招呼，我害怕怎么办？

答 感到害怕，说明你平常不善于社交。其实没关系，平常多参加一些集体活动，多锻炼自己，就不会感到害怕了。

**行动指南：**去同学家做客时，不经允许不能进入别人的房间，不能随意翻动别人家里的东西，也不要对别人家里的物品妄自评论。

# 10 如何表达不满的情绪？

友谊需要大家的共同努力，真诚、得当地表达对同伴的不满，有利于减少与同伴之间的摩擦，维持好朋友之间的关系。

第一天，董天宇和郑多多相约去图书馆，约定 9 点在图书馆门口见。

X图书馆
多多怎么还没来呀！
都快 10 点了……

第二天，小伙伴们的篮球训练，也只有郑多多一个人没有到，大家对爱迟到的郑多多很有怨言。

郑多多怎么还没来呀？
是啊！就等他一个了。

真讨厌，多多为什么总是迟到啊？

第三天，董天宇、齐萌萌和郑多多约着一起看电影，等到电影都开场了，多多才姗姗来迟。郑多多却不以为然，向伙伴们轻描淡写地道歉之后，就像没事人一样准备进场。

你怎么才来呀？电影都开始了。
不好意思，我又迟到了。
要不就直接和他说吧！
真的很不喜欢别人迟到，我该怎么和多多说呢？

可是面对心思单纯的郑多多，他们俩又说不出口。唉，真的是不知道该怎么办好了。

你们俩怎么了？电影都开始了，我们赶紧进去吧。
呃……好。

## 和心理博士聊聊天

**问** 如果向同学表达了自己的不满，会不会破坏我们的友谊呀？

**答** 向同学表达不满，其实是一种友情提醒，更有利于维护两人之间的友谊。表达不满时，要控制好自己的情绪，用平和的态度与对方交流。

**行动指南：** 在向他人表达不满时，千万不要用责骂和埋怨的语气，否则会加重同学的对立感，反而让事情变糟。

# 11 认真倾听对方讲话

倾听是指在别人讲话时，要用心和细心地聆听。认真倾听对方讲话是一种礼貌的行为，表示对说话者的尊重。

中秋节要到了，白老师让身为班长的金小豆来负责本次板报的设计。

中秋节板报
这次中秋节的板报设计方案，我们要集思广益，大家有什么想法，都说说。

就在齐萌萌提议以“嫦娥奔月”的故事来设计板报时，郑多多却在一旁插嘴，打断了齐萌萌的思路，齐萌萌很是生气。

以“嫦娥奔月”的故事来设计吧，因为……
嫦娥奔月，哪有直接讲月饼好啊。
哼，不听人把话说完，真讨厌！

而后李好好发表意见时，郑多多又一次插嘴打断了李好好的想法。

我们做个关于中秋古诗文的摘抄，我看到……
那也太没意思了，还是聊月饼有意思！

不听完别人的意见就随便插嘴，真讨厌！

郑多多的行为惹得金小豆很不满。于是，金小豆让郑多多来说说看月饼这个主题比另外两个主题好在哪里。郑多多支支吾吾地也说不出好在哪里。

每年中秋节都要吃月饼呀，至于好在哪里，我不知道……
那你应该先听完他人的想法，再发表自己的意见，这是对同学的尊重。

## 和心理博士聊聊天

**问** 他们讲的太没意思了，我不听行不行？

**答** 有时候，你可能对别人的讲话内容不感兴趣，这是很正常的，但是认真倾听别人讲话是一种最基本的礼貌，只有这样，双方才能有效沟通、交流。

**行动指南：** 倾听对方讲话时要细心且懂得思考，在对方发言结束后可以提出新的想法或纠正对方的错误。

# 12 不喜欢某老师，不想上他的课

有时候，我们会因为不喜欢讲课老师，产生逆反心理，而不想上这位老师的课。这是错误的做法，作为学生，你的任务是学习，不能因为不喜欢这个老师就不听课，这样只会影响自己的学习成绩。

这学期，新来了一位英语老师——李老师。

这学期，李老师将担任你们的英语老师。
新老师看上去很文静呀。

可是一上起课来，李老师就跟变了一个人似的。李老师让郑多多回答问题，郑多多支支吾吾地回答不上来，李老师便朝他大吼起来。

郑多多，你来说一下这是个什么句型。
嗯……我不知道……

这么简单的句型你都不知道？你上课在想什么呢？

晚上回家复习时，郑多多回想起李老师发火的那一幕，他默默地把英语课本推到了一边。由于每天没有认真学习，多多的英语成绩下降了。

哼，我不喜欢这个英语老师。
多多，你最近英语成绩下降了，发生什么事情了？
最近我们换了一个新的英语老师，她十分严厉，我一点儿也不喜欢她，也讨厌英语课了。
在工作中，妈妈不喜欢某位领导时，也会把他交代的任务完成，因为这是我的工作。你也是，不能因为对老师有偏见就讨厌这门学科，这样对你的学习成绩没有好处呀。

## 和心理博士聊聊天

问 李老师太严厉了，我不想上她的课，有错吗？

答 “亲其师，信其道”，当我们喜欢某个老师的时候，就更喜欢上他的课，这是大部分学生的心理。但是，你要知道，你学习的目的是获取知识，你认真上课受益的是自己。

**行动指南：**出现对老师的抵触情绪时，要主动找老师进行沟通，和老师谈谈心，说不定你会发现其实老师不是你想的那样。

# 13 遇到不公平的事情怎么办？

在生活和学习中，难免会遇到不公平的事情，不要过多地去纠结，要想办法解决问题，并从事情中看到正面的价值，才能使我们成长。

科学课上，老师分配给齐萌萌、郑小朵和李好好一块试验田。

这堂课，你们三个在这块试验田上进行种植试验吧。

可是三人的意见产生了分歧。

我想在这里种花。
我们还是种菜吧。
种菜好，还能吃。

郑小朵提议投票决定，最后郑小朵和李好好以两票的优势胜出。齐萌萌觉得不太公平，于是提出了自己的想法。

同意种菜的举手。
二比一，种菜吧。
虽然说少数服从多数，但投票结果不能保证完全的公平，少数人的意见也需要被尊重哦。我们可以一半种花、一半种菜。

齐萌萌的想法得到了郑小朵和李好好的认可，最终她们在试验田上一半种了花，一半种了菜，还得到了科学老师的表扬。

你们三个在这次劳动实践课中的想法不仅有创意，而且兼顾了组内成员的想法，非常不错！下次活动再接再厉呀！

## 和心理博士聊聊天

**问** 我觉得这件事情不太公平，要不要说呢？

**答** 遇到不公平的事情时，心里必然会很纠结，如果影响到了你，让你很难受，无法排解，那就大声地说出自己的意见。

**行动指南：** 遇到不公平的事情时，先冷静分析，再用诚恳的态度把自己的意见勇敢地说出来，积极地想办法，争取获得公平对待。

# 14 没有熟悉的人在身边，没有安全感

处在陌生的环境中，或多或少都会有一点不适应。不妨想一想，在陌生的环境里，你究竟在担忧和焦虑什么。依赖别人给你安全感和心理安慰不是长久之计，想要克服这种心理，首先要提高自己的独处能力。

三个好朋友一起去游乐场玩。

我想去玩过山车。
我也想去玩过山车，天宇，不然我们分头行动吧？
我想去玩旋转木马。

不想自己单独行动的董天宇，也同意和伙伴们一起先去玩过山车了，于是他们来到售票处排队买票。没想到排队的时候，郑多多和金小豆都跑掉了。

天宇，我想去买个冰激凌，你帮我把票买了。
票处
天宇，我去上个厕所，你也帮我把票买了。

朋友不在身边，董天宇显得很紧张，生怕自己买错了票，轮到他的时候，他决定还是等金小豆和郑多多回来以后再买票。

可是我担心自己会买错……
小朋友，买什么票？
阿姨，我还是等会儿再来吧。

董天宇懊恼起来，排了半天队，还没有买到票，但是没有朋友在，他又有些害怕。

朋友们不在我身边，我不敢一个人买票……

## 和心理博士聊聊天

**问** 没有熟人在身边，做事情心里没有底，我该怎么办？

**答** 与他人一起做事情可以增加乐趣、互相支持和激励。但是，过度依赖他人的陪伴可能会限制你的成长，在做事情时容易感到不安和无助。要相信很多事情自己是可以独立完成的，尝试培养自己的独立性和自主性，这样你就可以更自如地应对各种情况。

**行动指南：**从小事做起，不依赖他人，培养自己的独立决策能力，逐渐扩大到更重要的决定。

# 第2章 情绪急救站

# 1 事情做不好，感觉自己好笨

每个人都不是十全十美的，因此不能要求自己做什么事情都优秀。同时，我们也要调整好心态，放松总是紧张的神经，相信自己能行。

放学后，齐萌萌约李好好和郑小朵去她家里做折纸手工，李好好开心地答应了，郑小朵却犹豫起来，因为她从来没有玩过折纸。

写完作业后，来我家折纸吧！
好呀！
可是，我不会折纸。
我来教你，包在我身上。

齐萌萌很快折完了一个纸鹤，这让郑小朵既羡慕又佩服。接下来，齐萌萌耐心地教郑小朵折纸鹤。

好棒呀！
萌萌，你真厉害！
小朵，你看像这样一点点来折。

齐萌萌教郑小朵折了三遍，可是郑小朵还是没学会。齐萌萌又着急又生气，郑小朵感觉自己笨极了。

我没听懂，
怎么办？

应该这样折才对。
是这样啊！

我是不是太笨了，
半天也没有学会？

## 和心理博士聊聊天

问 她折得那么好，我半天也学不会，我是不是太笨了？

答 这个与笨无关，给自己点儿信心，正面看待自己的能力和价值，想想自己的优点，不要陷在自卑的情绪里。

**行动指南：**勤能补拙，不要着急否定自己，只要勤加练习，你也会做得很好的。

# 2 生气了也不要恶语伤人

在与他人相处的过程中，难免会有不愉快的时候，感到愤怒时，试着深呼吸或暂时远离触发情绪的环境。如果不小心说了气话也别着急，及时道歉，主动示好，就还有机会做回好朋友。

篮球场上，郑多多被严防死守，无法传球，这可急坏了同一组的董天宇。

哎呀，我过不去呀！
多多，快把球传过来。

趁对方不注意时，郑多多奔着董天宇跑了过来，可是不小心撞倒了天宇，天宇十分生气。

啊！
对不起！对不起！你没事儿吧？
笨手笨脚的，跟你一组真倒霉。

郑多多感觉有些委屈，金小豆也过来开解董天宇。董天宇感觉自己受到了欺负。

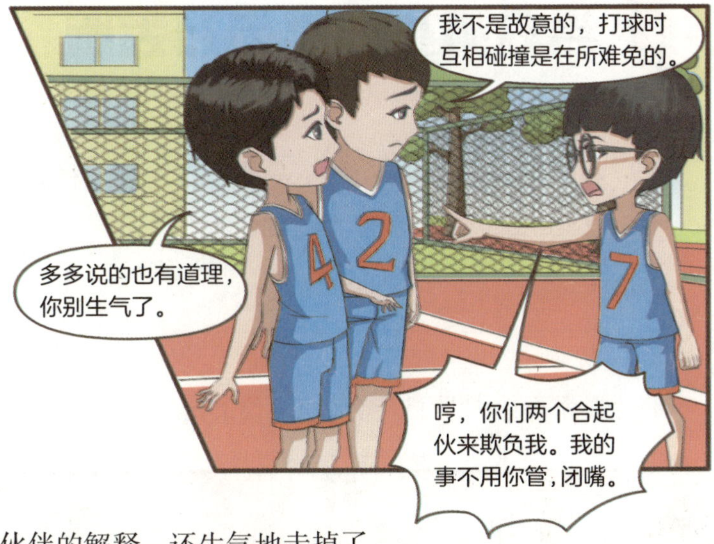
我不是故意的，打球时互相碰撞是在所难免的。
多多说的也有道理，你别生气了。
哼，你们两个合起伙来欺负我。我的事不用你管，闭嘴。

董天宇不仅不听两位伙伴的解释，还生气地走掉了。

我再也不想和你们做朋友了，绝交。

## 和心理博士聊聊天

问 太想赢得这场比赛，组员没表现好，我生气不是应该的吗？

答 当我们的期待太高时，压力也会很大，一旦不好的事情发生就容易感到愤怒和生气，但如果别人并不是故意出错的，就要注意不要迁怒于他人，避免因愤怒做出伤害他人的行为。

**行动指南：**生气时情绪很难控制，也很难听进道理，如果马上沟通，容易带着怒火，伤及他人。这时候要深呼吸，先平静一会儿，再和同伴心平气和地交流。

# 3 当众被批评感觉好丢脸

每个人都喜欢被赞扬，而不是被批评，只有虚心接受批评，找出自己的不足，我们才能慢慢进步。

白老师都开始讲课了，齐萌萌座位上还是空空的。

齐萌萌人呢？

课上了大半，齐萌萌才姗姗来迟，白老师很严厉地批评了她。

齐萌萌，你怎么又迟到了？怎么就你迟到，别人都不迟到？

被当众批评，齐萌萌心里难受极了，恨不得找个地洞钻进去。有两个同学还一直看着她窃窃私语。

当众被批评，
好丢人。

同学们一定是在嘲笑我被老师批评吧。

放学后，齐萌萌闷闷不乐地回到家。

你怎么不高兴呀？
今天白老师当着全班同学的面批评我了，我再也不想上他的课了。

## 和心理博士聊聊天

问 被当众批评，太丢人了，老师是不是不喜欢我？

答 被当众批评通常心里会很不舒服，那是因为我们对事情进行了负面的解读，比如会觉得是老师不喜欢自己，会给同学留下不好的印象。但是我们如果进行正面的解读，比如老师更看重我，希望我变得更好，就容易接受并改正自己的错误了。

**行动指南：**向老师表达自己对批评的理解，以及改正的方法。

# 4 考试没考好不敢面对

我们会经历很多次考试，有考得好的时候，也有考得不好的时候，最重要的是不要让自己沉浸在失败中，保持积极心态，相信失败只是暂时的挫折。坚信自己并勇敢地面对，在以后的学习中可以取得好成绩。

语文期末考试开始了，有的同学如临大敌，而有的同学则轻松面对。

现在开始语文考试。

郑多多看着考题像在看天书。出了校门，同学们都兴高采烈的，只有郑多多低着头，闷闷不乐。

这道题不会，这道题也不会……
你怎么了？
我这次考得不好。

第二天，白老师公布考试分数。念到郑多多的分数时，郑多多直冒冷汗。

齐萌萌 99 分，
金小豆 100 分，
董天宇 98 分，
郑小朵 95 分，
李好好 90 分
……

郑多多，75 分！

小伙伴都考得这么好，
我没脸见人了！

得知自己是全班最低分，郑多多头都要炸了，好想找个地缝钻进去。

## 和心理博士聊聊天

问 我好害怕考试，如果再考砸了怎么办？

答 考试只是评估你在某个特定时间段内的知识和技能，它并不代表你的全部价值。如果只是因为害怕失败而恐惧考试，建议你在考前多给自己一些鼓励和肯定，尽力而为，无论结果如何，你都可以从中学习和成长。

**行动指南：** 如果因考试失败感到伤心或沮丧，那就给自己点儿时间去平静心情，不要压抑或否定自己的情绪。而是学会反思考试失败的原因，找到自己的不足之处，为下次考试做好准备。

# 5 比起我，老师更喜欢同桌

有时，我们会因为老师更喜欢别的同学、忽略了自己而感到伤心，我们要相信每个人都有自己的优势，不要因为自己暂时没被老师关注到而难过。

舞蹈训练结束后，舞蹈老师向大家宣布了一件事。

同学们，这次我们的领舞员是齐萌萌同学。
哼！凭什么是她？我也跳得很好啊。

语文课上，白老师让齐萌萌背诵昨天学习的课文。齐萌萌背得很好，白老师让李好好接着背下一段时，李好好顿时呆掉了。

完蛋，昨天忘背了。
李好好要端正学习态度，多向齐萌萌学习。

班级修改板报，美术老师没有选择最擅长画画的李好好，而是选择了齐萌萌。

哪位同学利用今天学会的东西，去改一下板报？
美术课
萌萌，你来吧。
明明我画得更好。
好的，老师。
萌萌，这次的板报设计得很有创意呀！
谢谢您的夸奖。
比起我，老师更喜欢她。

## 和心理博士聊聊天

问 我明明也表现得很好，老师却不选我，是不是因为老师更喜欢别人啊？

答 先冷静思考一下，你的判断是基于客观事实，还是嫉妒好强的心理感受。私下里可以找老师谈话，用理性和冷静的态度表达你的疑虑，找到问题的深层原因，再去想办法解决。

**行动指南：** 不是每一个老师都了解你，在适当的时候，勇于表达自己的观点，展示自己的优势，敢于自荐，让老师关注到你，机会有时也是要靠自己争取的。

# 6 竞选班干部失败了

班干部是班级活动的组织者，需要很强的组织能力。在竞选班干部的时候，由于种种原因，可能没有当选。对于竞选失败的局面，我们应该调整好心态，下次继续努力。

新学期开始了，白老师主持新一轮的班干部竞选。文娱委员的候选人是郑小朵和李好好，郑小朵上台后，做了很完美的竞选演讲。

竞选文娱委员现在开始，下面请两位候选人向大家展示各自的优势吧。

大家好，我竞选的是文娱委员。我会唱歌和跳舞，如果竞选成功，我能帮助老师组织活动，也愿意把我会的教给大家。
竞选班干

看到郑小朵表现得这么好，李好好开始有点担心了。

郑小朵准备得好充分啊。

竞选班干部
接下来，该好好发表竞选感言了。
好的，白老师。

李好好发挥得也不错，但是她的票数没有郑小朵的多。最后，白老师宣布文娱委员是郑小朵同学，李好好非常沮丧。

我是李好好，我竞选的是文娱委员，我擅长画画，如果有愿意学画画的同学，我愿意教。
郑小朵
正
下
李好好
下

好开心呀，谢谢大家的支持。
咱们班这学期的文娱委员是郑小朵同学。
没有选上好丢人。

## 和心理博士聊聊天

**问** 要是知道竞选会失败，我一开始就不应该参加竞选，这样想对吗？

**答** 不对，坚持尝试和努力是成功的关键，即使最初可能会遇到挫折，吸取竞选中的失败经验，你也可以认识到自身的不足之处，并采取适当的行动来改进和提高。

**行动指南：**要想获得更多的支持，可以多了解同学们的需求，针对这些需求做出改进。

# 7 没有人愿意和我一组做游戏

在学校生活中，我们不免要跟同学相处，但是相处的过程不可能是一帆风顺的，因为每个人都有自己的性情和喜好。遇到同学的指责或拒绝，不要气馁，把它当作自己学习的机会，相信自己一定会赢得同学的欢迎。

羽毛球双打比赛，董天宇和李好好分在了一组，球打到董天宇这边时，董天宇反应迟钝没接到球。

呃！又没接到。
糟糕！

李好好责备起董天宇来。

打到你那边了，你怎么又没有接到？你看他们都赢了。

对不起。

下午上体育课，练习双人或多人跳绳，老师让同学们自由组合。董天宇想去找齐萌萌，可是这时候齐萌萌和金小豆、郑多多组合在一起了。

我也想加入，
可以吗？

他想去找李好好和郑小朵，可是她们看见他就远远地跑开了。

小朵，我和你一组吧。
好呀。

没有人愿意和我一组做游戏……

## 和心理博士聊聊天

问 大家都不愿意跟我玩，太伤心了怎么办？

答 当别人拒绝自己时，感到伤心是正常反应，先反思一下自己的行为，如有必要，就进行改进，不要长时间处于悲伤中，这样身体会受到伤害。建立开放和积极的心态，给自己一些时间找到真正契合的圈子。

**行动指南：**如果落单了，也不要难过，要想办法解决问题，比如及时向老师或同学求助，让他们帮忙解决。

## 8 同学都多才多艺，我却没什么特长

每个人都有自己擅长的方面，与其羡慕别人，不如发现自己的闪光点，探索自己的兴趣。

舞蹈课上，齐萌萌在舞台灯光的照耀下，就是最棒的舞蹈明星。看到齐萌萌跳得这么好，郑多多非常羡慕。

音乐课上，郑小朵站在老师旁边很自信地高歌。

看到齐萌萌和郑小朵这么优秀，郑多多非常羡慕。

真好听啊，要是我也能唱得这么好就好了。

元旦联欢会就要到了，白老师让文娱委员郑小朵来帮忙组织。同学们都踊跃地报名。看到同学们都有自己的特长，郑多多感到很自卑。

我来跳舞。
好呀。
我和天宇表演说相声。

同学都多才多艺，我却没什么特长……

## 和心理博士聊聊天

问 别人都多才多艺，我却没有任何特长，好自卑怎么办？

答 每个人都有自己的独特之处，不必过分关注他人的特长，与他人比较只会带来压力和焦虑。把自卑转化成欣赏，想想他们背后所付出的努力，也可以通过别人的才艺展示，探索自己的兴趣爱好，专注于自己的发展将会让你更加自信。

**行动指南：**如果找到了自己的兴趣点，静下心来，不要着急，通过不断练习来提高自己的才艺水平，增强自信，主动寻找或抓住展示才艺的机会。

# 9 要考试了，好焦虑

考前焦虑是很多同学都会有的情况，如果处理得不好，不仅影响情绪，还会影响考试。这时，我们可以采用转移注意力、给自己积极的暗示、保证充足的休息等方法来缓解。

白老师告诉同学们下周要期末考试。郑多多上次考得不是很理想，这次他有点儿担心。

下周一的期末考试，大家要好好准备哦！
啊！又要期末考试了……

回到家，妈妈也鼓励他。

这次如果能进步五名，我就给你买你想要的玩具。

郑多多特别想要妈妈的奖励，暗暗下决心要努力。

然而巨大的学习压力导致郑多多缺少睡眠，精神不佳，自习课上竟然打起了瞌睡。

这道题怎么做呀？
我又忘了。
努力读书

郑多多想通过考前紧张的复习提高考试成绩，但是学习效果并不好，这让他十分焦虑。

越紧张，学习效果
就越差，怎么办呀？

## 和心理博士聊聊天

问 一想到要考试了，就吃不好睡不好，怎么办？

答 如果压力剧增，可能越想学越学不进去，不如放松心态，相信自己的能力与实力，从现在开始端正学习态度，树立自信、积极的信念。

**行动指南：**考前要适度地放松，放松可以帮助你保持冷静，提高思维能力和记忆能力，比如听听音乐、看看轻松幽默的小故事。

# 10 遇事总是不自信

遇事总是不自信，不仅会影响个人的表现，还容易错过一些机会。通过培养自信心，我们可以更有动力和勇气充分发挥自己的潜力，从而取得更好的成果。

学校要组织天文展主题活动，白老师让天文迷金小豆和董天宇担任讲解员。董天宇路过教室时，看到金小豆正在练习讲解，不禁默默感叹他讲得真好。

我们要举办天文展主题活动，你俩都是天文迷，就由你们来做讲解员吧。
好！
金小豆讲得真好！我练了这么多次都比不上他。
你们知道太阳由什么组成吗？它由炙热的气体组成……

董天宇感觉金小豆讲得自信又流利，怕把任务搞砸，所以让他一个人去讲。

这次还是你来讲解吧，你讲得自信又流利，人一多我就紧张，我怕把这次任务搞砸……
你知道我自信的秘密是什么吗？

金小豆拿出了让自己自信的秘密武器——自信石，告诉他有了这块石头，他也能和自己讲得一样好。于是，有了自信石的董天宇在天文展上自信又有光芒。董天宇非常感谢金小豆的自信石。

哇，这个这么厉害吗？
这个叫自信石，有了它你能跟我讲得一样好。
天文活动展

小豆，多谢你的自信石。
其实这只是一块普通的石头，你讲得好，是因为你有自信心了。

## 和心理博士聊聊天

问 为什么我做什么事都不自信？

答 缺乏自信的原因有很多，比如对自己过于苛刻、遭遇过多挫折、缺乏经验、喜欢与他人比较等，先找到不自信的原因，再有针对性地找到对策去解决。

**行动指南：**主动参加一些集体活动，找更多的机会锻炼自己，慢慢地增加自信。

# 11 别人说我做的事情没意义

我们有时会为做一件事情付出很多的精力，却不被别人肯定，或者被别人说成没意义。其实，每个人对待事物的兴趣点都不一样，要坚持自己的想法。

最近齐萌萌迷上了捏橡皮泥，下课后，她拿出橡皮泥捏了起来。

萌萌，你在做什么？
我在捏小鸭子。
我们都是小学生了，你怎么还在玩幼儿园的东西？

周末，吃完晚饭。

妈妈，我作业都写完了，可以玩一会儿橡皮泥吗？

橡皮泥有什么好玩的？对考试又没有帮助，看会儿英语阅读吧。
趣读英语
今天是周末，我想做点儿自己的事情。

看到不理解自己心意的妈妈，齐萌萌很生气。看到一心只想玩的齐萌萌，齐妈妈也很生气。于是两人开始互相怄气，谁也听不进去谁的意见。

玩橡皮泥哪有看英语阅读有意义？
这件事对你没意义，但是对我有意义！

## 和心理博士聊聊天

**问** 别人觉得没有意义的事情，我就不应该做了吗？

**答** 如果这件事对你来说很有意义，可以试着跟对方沟通解释你的想法，或许能够让对方更好地理解你的行为；如果对方依旧理解不了，我们要保持开放和尊重的态度，但不要被对方的观点所束缚，有时坚持才能看出自己是否真正热爱。

**行动指南：**有没有意义，不是别人说的，而是要看你自己内心的想法。每个人对“有意义”的定义是不同的，可以和对方真诚地交流自己的感受。让身边的人试着多接触你喜爱的东西，体会你的乐趣。

# 12 在陌生场合受到关注就紧张

在陌生的场合受到关注就会忍不住地紧张起来，其实这是对陌生环境产生的恐惧心理，是正常的情绪反应。通过练习和积极应对，你将逐渐发展出应对这些情况的技能和信心。

同学们参加动物园组织的“关爱动物”主题活动，桃子老师是动物园的管理员，也是这次活动的领队。

欢迎同学们来参加“关爱动物”主题活动，我是组织这次活动的桃子老师。

在斑马园里，桃子老师递给董天宇一捆青菜，让他跟同学们一起去喂斑马。

你也去喂斑马吧！
不要不要！

桃子老师又带大家参观了美洲狮园。

管理员
这里是狮园，现在考考同学们，你们知道狮子是怎么睡觉的吗？

董天宇第一次跟桃子老师接触，不敢看桃子老师，一直在心里祈祷，千万不要点到自己，可桃子老师偏偏点到了他。

管
理
员
请这位同学来
回答吧。
呃……
是……

活动结束后，董天宇一直在自责，同时也在为自己进入陌生的环境和见到陌生的人就紧张的表现而苦恼不堪。

唉，我明明是知道的，
但是一看到老师就紧张
得说不出来话来了，感
觉自己好没有礼貌。

## 和心理博士聊聊天

问 明明知道的，一紧张就说不出来，怎么办？

答 在陌生的环境下回答陌生人提的问题有紧张的情绪是正常的，不要因为自己的不良表现而过分苛责自己，可以试着逐渐增加社交活动的频率，并以小步骤向前推进，以逐渐克服紧张感。

**行动指南：**如果感觉紧张可以先说出来，通过表达情绪，可以减轻内心的压力和焦虑，增加积极的情绪体验，也有可能得到大家的理解和包容。

# 13 为了讨好别人，总是委屈自己

如果你总是委屈自己来迎合他人，就会感到疲惫、不满和失去自我。不委屈自己、不讨好他人并不意味着你变得自私或不关心他人。相反，它是为了建立更健康的人际关系，并在关心他人的同时保护自己的利益和需求。

周末，郑多多排了好长时间的队才买到了一个香芋冰激凌，小姨的儿子一看见便吵着也要冰激凌。

多多，你看弟弟闹成这样，他还小，你就让给他吧！
妈妈，我想要哥哥的冰激凌！

郑多多不想给表弟，可是不给的话，他担心会惹妈妈和小姨不高兴。最后，郑多多还是把冰激凌让给了表弟，妈妈的脸上露出了满意的笑容。

多多真懂事。

周一，放学了，郑多多往校门外走，这时董天宇叫住他，想拉着他一起去踢足球。可是妈妈说过，要他写完作业再去玩。

可是……
没有，没有……
怎么了，多多？你该不会是不想我和一起玩吧？

郑多多因为跟董天宇去踢球耽误了写作业，回到家就被妈妈严厉地批评了一顿。

放学不回家，你跑哪去了，作业还有时间写吗？
我……呜呜……

## 和心理博士聊聊天

问 不想把冰激凌给表弟，又怕妈妈说我不懂事，怎么办？

答 忍受委屈不一定就代表懂事，懂事的人通常能够在尊重自己的权益和尊严的同时，也尊重他人、寻求公正的解决方案。遇到这样的事情，要勇于把自己的想法跟妈妈沟通，一起寻求一个更好的解决方法，而不是一味地忍让。

**行动指南：** 如果不想按照他人的想法去做，就不要委屈自己，以一种礼貌、真诚的方式表达自己的想法和决定，让对方感受到理解和尊重。

# 14 面对竞争时心态要平和

我们经常处在竞争的环境中，面对竞争时，要看淡得失，有一个健康的竞争心态，学会用欣赏的眼光看待别人身上的优点，也要找到自己身上的不足。

舞蹈训练结束后，舞蹈老师叫住了齐萌萌和郑小朵。

下周一我要在你们俩之间挑选一人去市里参加比赛。

郑小朵开心极了，她非常想去市里参加比赛，可是想到齐萌萌也跳得很好，如果选上她的话，自己就去不了市里参加比赛了，她心里顿时紧张起来。

太好了，要去市里参加比赛了！

可是还要内部竞争，齐萌萌也跳得很好，怎么办？

这时，齐萌萌焦急地走进换衣间，四处寻找她的新舞蹈鞋。

咦，我的那双新舞蹈鞋呢？

郑小朵弯腰的时候，恰好看见齐萌萌的舞蹈鞋就在凳子下面呢。郑小朵突然动了一个歪心思。

把她的鞋藏起来，这样她就跳不好了，跳不好她就选不上了。

一瞬间，她被自己的这个歪心思吓了一跳，连忙摇头否定了这个想法。最后，郑小朵把舞蹈鞋递给了齐萌萌。

萌萌，这是你的鞋，在凳子下面呢。
谢谢你啊，小朵。

## 和心理博士聊聊天

问 万一她跳得比我好，我是不是就不能去市里参加比赛了？

答 要正确看待同学间的竞争，放平心态，担心也没有用，你能做的就是努力去练习，提高自己的能力，即使失败了也不后悔，因为你已经超越了昨天的你。

**行动指南：**面对竞争时，我们要保持平和的心态，做好自己，公平竞争。如果竞争失败了，也不要气馁，接下来努力练习，争取下次有更大进步。

# 第3章 勇敢地表达

# 1 请不要不经我的同意，把我的东西送人

有的父母不经过孩子的同意，就将孩子的东西送给别人，这是不尊重孩子的表现。作为孩子，我们应该对这种行为勇敢地说“不”。

这天，齐萌萌想找她心爱的游戏机玩，可是找了半天也没有找到。她去问妈妈，妈妈告诉她送给表妹果果了。

上周你小姨带果果来玩，果果特别喜欢你的游戏机，我就送给她了。
啊?

那是我最喜欢的游戏机，你怎么不问问我就送人了?

齐萌萌对于妈妈没有经过她的同意就把东西送给别人的做法，十分生气。

周末，妈妈发现她的一支口红找不到了。

奇怪，我那支大红色的口红哪儿去了？
小朵来家里玩，喜欢那支口红，我就送给她了。
那是我最喜欢的口红，你……
哼，你不也把我的游戏机送人了吗？

听到萌萌这么说，妈妈忽然明白自己之前确实做错了，于是她不好意思地向齐萌萌道歉。

萌萌，是妈妈错了，妈妈再也不会把你的东西随便送人了。
给，你的口红。

## 和心理博士聊聊天

**问** 父母可以随便处理孩子的东西吗？

**答** 即使是父母，在处理孩子的东西的时候也得征求孩子的意见，否则就是不尊重孩子，家长要坚决杜绝这种现象。而孩子要把自己的想法大胆地说出来，让家长换位思考一下，从而理解自己。

**行动指南：**如果自己的物品被送给他人，可以和爸爸妈妈友好沟通，告诉他们那件物品不能被送给他人的理由，然后再带一件其他礼物去换回那件重要的物品，并给对方一个合理的解释，得到对方的谅解。

# 2 不喜欢被当众取笑

开玩笑要有度，当众取笑他人很不礼貌，同学们平时要多注意自己的言行举止，树立一个好的形象。

董天宇有了一位新同桌，但是董天宇不太喜欢他。

我不喜欢我的新同桌，因为他总是喜欢当众取笑人。

董天宇洗手时，不小心把水弄到了裤子上，新同桌取笑他尿裤子了。董天宇很不开心。

哈哈哈，好笨啊！天宇尿裤子了，天宇尿裤子了！

中午，吃午饭的时间到了。新同桌看到董天宇的饭盒很大，又开始取笑他。

你的饭盒好大呀，你真能吃，哈哈哈。
你说话太难听了，我忍不了了。

新同桌没想到董天宇会发这么大的火，这才意识到了自己的错误，及时向他道了歉。

我感觉你总是当众取笑我，这是对我不尊重的表现。
对不起，天宇，我以后不这样做了。

## 和心理博士聊聊天

问 当众取笑他人正确吗?

答 不管是什么理由，当众取笑他人都是不对的。我们不做取笑他人的人，当然也不能任由他人取笑我们。遇到这种情况，要采取合理的手段维护尊严，比如和对方说明情况，要求对方道歉。

**行动指南：**遇到别人嘲笑你的时候，不要恼羞成怒，找个时间和对方好好聊聊，直接告诉他嘲笑别人是不对的，让他以后别再嘲笑你了。

# 3 给我一些自由，我要自己做决定

有时候，我们看待问题的角度和家长大相径庭，面对家长的过度干涉，可以和家长进行沟通和交流。

星期天，妈妈带齐萌萌去商场买衣服，妈妈为萌萌选了一套运动装。可是萌萌更喜欢另一件连衣裙。

萌萌，快来试试这套衣服怎么样?
不行，太短了。
我更喜欢这套。

买完衣服后，齐萌萌又想买水彩笔。

我喜欢这个水彩笔。
水彩笔没什么用，还是买点签字笔吧。

我要是有钱就好了，可以选择自己想要的东西。

回到家后，齐萌萌想看动画片放松一下，妈妈一把夺过遥控器。

这个动画片好有趣呀！
科普节目比动画片更有趣。

齐萌萌多么希望能自己做决定，而不是事事都由妈妈做主。

不，我要自己做决定。

## 和心理博士聊聊天

问 我想自己选择，有错吗？

答 每个个体有不同的心理需求和倾向，但是都拥有自主选择的权利。如果觉得自己的权利被剥夺了，可以与对方进行沟通、交流，捍卫自己的权利。

**行动指南：**很多时候，家长感觉自己的选择更好，如果你不喜欢的话，你可以给家长分析一下她选择的东西的弊端，或者自己选择的东西更好的原因。

# 4 有人在前面插队

我们在排队买东西的时候，偶尔会碰到有人插队。如果对方着急的话可以理解，如果是恶意插队，我们可以对他进行指正，或者向店家说明情况。

郑多多和金小豆相约去看电影，路过奶茶店时，看人不多，他便想先排队买两杯奶茶。这时来了一位老奶奶。

小朋友，我着急去接孙子，能不能让我先……
奶奶您先买。
真是个好孩子。

可是，一个叔叔突然插在了他和老奶奶的中间。

哎，你……
我是她的朋友。
呃……

还没有等郑多多反应过来，一个小女孩也排到郑多多的前面去了。

你插队了。
谁插队了，我昨天在这里画了记号。

郑多多前面突然多了三个人，电影的开场时间马上就要到了，所以他对大家插队的行为非常生气。

## 和心理博士聊聊天

问 他们都插队，我是不是也可以插队？

答 没有规矩不成方圆，胡乱插队是一种没有公德的行为。虽然插队这种不道德的事情存在，但不能成为你插队的理由。

**行动指南：**遇到有人插队时，要礼貌地提醒对方遵守秩序，请对方到后面自觉排队。

# 5 被同学起外号

我们在日常学习生活中，可能会遇到被同学起外号的情况。如果你不喜欢，就要和同学说明情况，及时制止他们。

郑多多从远处看到董天宇正往教室里走去，他连忙走过来，把一个写着“四眼田鸡”的纸条贴在了董天宇的书包上。

董天宇走进教室，大家都对他指指点点。他放下书包时，看到了书包上的纸条，非常气愤！

四眼田鸡，哈哈哈！
四眼田鸡
一定是郑多多搞的鬼。
四眼田鸡

这天，齐萌萌和郑小朵也拿纸条上的外号来取笑董天宇。

四眼田鸡，该交作业了。
四眼田鸡，今天该你值日了。

金小豆作为班长，知道给别人起外号是对别人的一种伤害，于是严肃地批评了她们。

你们俩够了。你们这么做伤害了天宇。
如果别人也给你起外号，你会开心吗？
他都没说什么，你干吗老来凑热闹？

董天宇也终于鼓起勇气和郑多多说，希望他以后不要这样做了。

郑多多，我不喜欢被叫作“四眼田鸡”，希望你以后不要给我起外号了。

## 和心理博士聊聊天

**问** 我不喜欢别人给我起外号，怎么办？

**答** 给别人起外号，是不尊重别人的表现，任何人都不会喜欢被人起外号，所以遇到这种情况，你要大声地告诉对方你不喜欢，让他们及时停止，而不是改变自己。

**行动指南：**如果同学给你起外号，你不好意思找他理论，可以去找班长、老师、父母帮忙，让他们出面调解你们之间的矛盾。

# 6 父母让自己当众表演节目

如果不想当众表演，面对家长的不理解，可以请他们换位思考，站在你的立场上想一想，得到父母的尊重，不做自己不想做的事情。

齐萌萌家和小凯家组织了家庭聚会，小凯的妈妈提议让孩子们表演节目。

孩子们来表演个节目吧。

小凯拿起话筒就唱了起来，小凯的妈妈看到这一幕骄傲极了。

来唱首歌吧，就唱你平时总哼哼的那首。

我家的孩子真棒。

小凯唱完后，妈妈想让齐萌萌表演跳舞。

你不是会跳舞吗？给大家跳个舞吧。你看小凯表演得多好，别这么胆小。
你快表演啊，我的孩子可不能落后。
弟弟那么小都表演了，你怎么还不如弟弟？

齐萌萌感觉这样被大人逼着，心里很不舒服。

我不想表演节目，你们这样硬逼着我，让我感觉不被尊重，压力好大。

## 和心理博士聊聊天

问 不想表演，可以拒绝吗？

答 如果内心不想表演，但迫于压力去表演，那么表演的效果可能不会很好，也达不到大人的期待，不如勇敢地拒绝，向父母说明原因，等自己有了表演的欲望再展示。

**行动指南：**如果你很愿意也很擅长，可以大大方方地展示。不想表演，可以想办法拒绝，但一定要礼貌，不要情绪化。

# 7 被误解时勇敢地说出来

我们都有被误解的时候，遇到这样的情况，要勇敢地说出来，尽可能与误解你的人进行沟通，不然只能让误会越来越深。

齐萌萌的文具盒不见了，她到处寻找。最后她在李好好的书桌里看到了自己的文具盒。

咦？我的文具盒怎么在好好这里？一定是李好好喜欢我的文具盒，就想占为己有。

你这个小偷，偷了我的文具盒。
我没有！

李好好辩解自己不是小偷，齐萌萌提议去找白老师调查清楚。

我们去找白老师帮忙调查清楚吧。
我真的没拿。我不是小偷。

齐萌萌跟李好好来到白老师的办公室。

李好好偷了我的文具盒。

我真的不是小偷。

最后，经过调查，原来是董天宇将萌萌的文具盒错认成李好好的，放在李好好的课桌里了。

我看到了掉在地上的文具盒，以为是好好的，就捡起来放到她的书桌里了。
好好，对不起，我不该冤枉你，原谅我好吗？

## 和心理博士聊聊天

**问** 被冤枉了很无助，该怎么办？

**答** 当自己被冤枉，内心很无助时，可以找要好的朋友或者父母、老师倾诉，寻求他们的支持和建议，帮助你更好地应对被误解的困境。

**行动指南：** 尽量保持冷静和理智，避免因被误解而愤怒或失控。情绪化反应很可能会加剧误解的状况，也不能解决问题。

# 8 我的想法和别人不同

如果内心真的想表达，那就表达出来，但是记得要寻找合适的时机和表达方式，这样才更有利于沟通。大胆一点儿，调整好自己的心态，真正的朋友不会因为你有不同的想法和意见而离开你！

李好好约齐萌萌和郑小朵周末一起去爬山，她们愉快地答应了。

萌萌、小朵，明天周末，我们一起去爬山吧。
好啊！
好啊！

周末到了，她们来到山脚下，李好好提议走第一条的林荫小路，而郑小朵认为第二条路比较好些，但是她并没有说出自己的想法。

我想走第一条线路，这样就能早点儿到山顶。
路线一：
路线二：
其实，我觉得第二条的路线更好一些，爬山不用那么费时费力，看到的风景也差不多，而且上面还能坐索道呢，感觉更有意思！
指南
我也觉得第一条线路很不错，小朵，你觉得呢？

爬山过程中，李好好看到了路边漂亮的花朵，便提议摘些花朵来拍照。

齐萌萌也认为这个提议不错，于是跟着李好好摘花去了，但是郑小朵一直无动于衷。

萌萌，我们摘点儿好看的花朵来拍照吧。
好啊，这样出来的照片效果更好呢！

小朵，你怎么不摘花呀？
我……

郑小朵认为花是供人欣赏的，随便摘花是不对的，但是又怕说出自己的想法会惹得齐萌萌和李好好不开心。

但是如果我制止了她们，她俩是不是就会不高兴，不和我玩了呀？
摘花，花朵会疼的，我是不是应该去制止萌萌和好好啊？
天啊，好难啊，我到底该不该说出自己的想法啊？谁来帮帮我啊？！

## 和心理博士聊聊天

问 她们摘花虽然不对，但是我怕制止她们会惹她们不高兴，怎么办？

答 当别人所做的事与自己的价值判断不一致时，可以说出来，但是要注意场合和语言的表达，尽量选择私下劝导，语气委婉一些，不要让对方难堪，这样对方也更容易理解和接纳你的建议。

**行动指南：**使用温和肯定的语言和措辞来表达你的观点，不要用过于直接或攻击性的语言。

# 9 在学校受了欺负要说出来

每个人的内心都有勇气这株小苗，但它需要你的浇灌和培植才能长大。在学校受了欺负，不要一味忍让，因为那样会助长对方的气焰。我们要勇敢一些，大声说出来，并学会寻求帮助。

快要上课了，可是董天宇跟着几个大个子的孩子去了篮球架那边。

咦！董天宇不进教室
跟着他们去干吗？

突然一个大孩子把董天宇推倒了，董天宇从书包里拿出一个袋子给他们，他们才停手。金小豆跑上前去询问情况。

给你们零食。
天宇，发生了什么？
你别管了。
受了欺负就要勇敢说出来，这样我们才能帮你呀！

金小豆把这件事告诉了白老师。

第二天，在篮球架那里，那群大孩子又要欺负董天宇时，被白老师拍了下来。白老师大声呵斥他们，并告诉董天宇下次受了欺负一定要说出来。

你们为什么欺负我们班的同学？跟我去教务老师那里吧。
天宇，对不起，我们知道错了，原谅我们好吗？
天宇，你没有受伤吧？下次受了欺负一定要说出来。
我知道了，白老师。

## 和心理博士聊聊天

问 他们都太强大了，我不敢反抗怎么办？

答 面对强大的欺凌者，不敢反抗是正常的反应。如果正受到强大对方的欺负，同时周围又没有可以寻求援助的人，可以先顺从他们，不要硬碰硬，想办法逃脱后再寻求帮助。

**行动指南：**面对别人的欺负，要勇敢地表达出自己的不满，这样别人以后就不敢轻易地欺负你了。

# 10 面对不合理的请求要拒绝

我们有时会遇到一些无理的要求，盲目地答应肯定是不可取的，而选择说“不”是保护自己的一种方式，对方也会因此了解你的底线和原则，不会再轻易找你做不合理的事情。

郑多多看到董天宇的桌上有一个新文具盒，便对他说借用两天，还没有等董天宇回答就把文具盒拿走了。

董天宇，你这个新文具盒不错，借我用两天。

过一会儿，郑多多又拿起董天宇桌上的橡皮想借用一下，董天宇很不想借。

董天宇，我的橡皮用完了，把你的借我用一下。
我的橡皮上次被你借走了，你还没有还给我呢。

用完立刻还我，还有上次那块你必须给我买一块新的。
知道了，知道了。

齐萌萌告诉董天宇，如果不想借，就坚决拒绝，这样一味地纵容，只会让他变本加厉。

可是我要拒绝他，
他生气了怎么办？
天宇，你要是不想借给多多就拒绝，你这样一味地纵容，只会让他变本加厉。
你拒绝他，他生气，那他不还你东西，你不生气吗？

第二天，郑多多来向天宇借漫画书。

天宇把你新买的漫画书借我看看。
我不想借给你，每次你都不还，以后我不会借你东西了。

## 和心理博士聊聊天

问 总是不敢拒绝别人怎么办？

答 拒绝是我们的权利，拒绝有助于坚守自己的立场和边界，保护自己的需求和利益。可以从小事情开始，逐渐尝试拒绝他人的请求。每次成功地拒绝都会增加自信和勇气。

**行动指南：** 面对不合理的请求时要拒绝。拒绝他人时，建议用委婉的语气、温和的态度说出自己的难处，让他人觉得你拒绝他是无奈之举，这样他也不好意思责怪你。

# 11 说不知道一点儿也不丢人

面对他人的邀请，由于怕别人不开心、怕做错事、怕被嘲笑等原因不敢拒绝，最后会导致自己处于尴尬的境地。要知道每个人都有自己不喜欢或不擅长的事情，倾听自己内心的声音，接纳和承认自身的不足，勇敢地表达自己的想法并不丢人。

放学的路上，大家聊起了新出的桌游——寻宝大侦探。

现在出了一款桌游，可好玩了。
寻宝大侦探，我玩过。

郑多多提议大家去他家玩这款桌游，李好好不想去，因为她没有玩过。

要不咱们一起去我家玩吧？

我就不去了吧！
好好，来吧。到时我和你一组，齐萌萌和董天宇一组。
我们一起去吧。

李好好不会玩，但她不好意思告诉郑多多，总是出错牌。

什么意思，
怎么玩啊？

你为什么总拦截我，
你到底会不会玩？

李好好跟大家承认她并不会玩，想退出。

我不知道这个游戏怎么玩，我还是退出吧。
没事的，好好，我们教你。

## 和心理博士聊聊天

问 不懂装懂对吗？

答 孔子对自己的学生说：“知之为知之，不知为不知，是知也。”如果自己并不知道，却说知道，虽然一时没人能察觉，但是通过相处总会有人发觉的，这就会导致人们对你的诚信产生怀疑，也有可能错失学习和成长的机会。

**行动指南：**坦率地表达你不知道的事实。你可以说“对不起，我不太确定”或“很抱歉，我不了解这个问题”。

# 12 撒泼就能争取到想要的东西吗？

遇到想要的东西，被父母拒绝时，有的孩子会用撒泼耍赖来发泄自己的不满。其实，这样做是没有用的，应该冷静下来，好好地和父母商量。

董天宇和妈妈一起去逛商场，看见了最新款的遥控小汽车。他想让妈妈买给他。

最新款的遥控小汽车，好想要！
不行，你都有一辆了，以后再买吧。

董天宇很生气，于是在地上撒泼打滚，就是想要小汽车。

我就是想要。
我不管，我就要这个，你不给我买，我就不走了。

妈妈叫董天宇走，董天宇不走，妈妈严厉地告诉他，说不买就不会买的，然后转身离开了。

说不买就不买，你
不走，我走。

董天宇以为自己耍赖妈妈就会妥协，但没想到妈妈竟然真的走了，他赶紧起来去追妈妈了。

啊，妈妈真的不管
我了呀……

## 和心理博士聊聊天

**问** 妈妈看到我哭闹，一定会心软的，对不对？

**答** 每个妈妈都非常爱自己的孩子，看到孩子哭，一定会很心疼。但是你不能利用哭闹来让妈妈妥协，长此以往，妈妈会觉得你是一个“无理取闹”的孩子，这样妈妈也会伤心的。有需求可以和妈妈好好沟通，不能耍赖。

**行动指南：想要的东西可以采取一些方式去争取。比如和父母做个约定，做完某项家务或者考试取得好成绩等就可以要一个自己喜欢的东西。要勇敢地表达，通过正确的方式争取。**

# 13 犯了错误要勇于承认

做错事的时候，大部分人都会下意识地推卸责任和狡辩，我们要有承担责任的勇气，知错认错才是好孩子。

下雨了，齐萌萌往教室的方向走去。这时，郑多多和郑小朵共打一把雨伞，慌慌张张地往教室的方向跑去。

唉，总是在上学的时候下雨……
雨太大了。
快走！

结果，郑多多不小心撞了一下齐萌萌，由于雨下得太大，郑多多也没在意，匆匆跑了。

齐萌萌被撞倒在地上，看着远去的背影，十分生气。

可恶！

到教室后齐萌萌把这件事告诉了白老师。白老师询问郑多多怎么回事，但他一口否认了。

你为什么撞倒齐萌萌？
我刚才是走着过来的，怎么可能把她撞倒？是她自己脚滑摔倒的吧。
对呀！我刚才也没有看到萌萌。

就在白老师要带着齐萌萌去看监控的时候，郑多多无奈地向齐萌萌承认了错误。

撞倒人就应该和对方说对不起，看看监控就知道是谁了。
对不起，齐萌萌，是我撞的你，我怕被批评才那么说的。

## 和心理博士聊聊天

问 犯错误的时候，万一承认了会不会挨骂？

答 做错事情时，因害怕而紧张、担忧的情绪会导致我们不能理性地思考，进而下意识地进行自我保护。但是做错事情了，要勇于承担，如果还因为逃避责任而撒谎和狡辩，就是错上加错。

**行动指南：**犯了错误，给对方造成了困扰，首先要积极地道歉，然后想怎么解决问题，并找机会弥补。

# 14 我可以大声说出自己的想法吗？

集体是由大家共同组成的，集体中的每个人都有表达自己想法的权利，要敢于表达自己的想法。

学校一年一度的艺术节马上就要开始了。

又该为今年的文艺演出做准备了。
白老师说今年的文艺演出想换点儿新花样。

身为班长的金小豆想让班级在这次文艺演出上一鸣惊人，于是他组织班级里的文艺骨干，集思广益。

董天宇觉得每年跳舞唱歌的节目很多，如果这次班级表演跆拳道，就有可能在艺术节中获得好成绩。可是他又担心……

今年学校的文艺演出，咱们班表演什么节目呢？
跳舞怎么样？
跳舞多没意思，还不如唱歌呢！
好想提议跆拳道啊……

如果大家不喜欢跆拳道怎么办？搞不好还会惹大家不高兴！

经过再三思考，董天宇终于鼓起勇气说出了自己的想法。

学校每年的文艺演出都有很多唱歌跳舞的节目，没什么新意，跆拳道表演会不会更受欢迎？
好啊，好啊！
这个想法不错啊！
咱们学校好像还没有过这种表演呢！

最终，跆拳道表演得出奇成功，受到了大家的一致好评。

## 和心理博士聊聊天

问 我表达自己想法的时候，很紧张怎么办？

答 当众表达自己意见的时候，人们都会产生一定的心理压力，或害怕，或紧张，这是人之常情。要多多锻炼自己“当众表达”的能力，让“当众表达”成为一种习惯，就不会害怕大家看自己了。

**行动指南：**表达自己的想法时，要注意正视大家，让大家看到自己的真诚，还要注意语速不能太快，避免给大家一种故意对立的感觉。

# 第4章 学会管自己

# 1 培养阅读好习惯

“书籍是人类进步的阶梯。”阅读不仅能丰富我们的知识，还能启发我们从不同角度去思考问题。所以养成良好的阅读习惯是非常有必要的。

几个同学在图书馆里看书，大家都在寻找自己感兴趣的书籍。

只有郑多多感觉看书很无聊，不是把书扔到一边，就是走来走去的。

这本书真没意思！
好无聊呀！还是平板电脑有意思。

晚上的阅读时间，郑小朵在认真读书，郑多多却在打游戏。

还是这个好玩。
冲啊！快冲啊！

无奈的郑小朵，只能向妈妈告状。

妈妈，郑多多太吵了，打扰我看书。
你为什么不做阅读打卡？
反正老师也不检查，我做不做都无所谓呀。

## 和心理博士聊聊天

问 阅读太无聊了，难道我就不能玩游戏？

答 网络游戏容易让人上瘾，大脑在长时间玩游戏时会过度依赖声音图像的刺激，从而会缺乏对需要记忆和思考的任务的训练，并且游戏过后往往会产生无价值感，而阅读可以帮助我们获取各种领域的知识，提高自己的学识水平，而且会让我们体会到价值感。

**行动指南：**将阅读目标分解成一个个小目标，制订每天每周的阅读计划，还可根据实际情况进行调整，保持灵活性。

# 2 每天进步一点点

每个人都有无限的潜力，每天进步意味着你在不断地学习和提高自己的能力。每天进步一点点，日积月累，聚少成多，时间长了你将成为更好的自己。

白老师上完语文课，给同学们布置了随堂作业。

大家开始交作业啦。

同学们都已经交完了作业，只有董天宇抓耳挠腮的，不知如何下笔。

白老师刚讲完，这个怎么做来着？我忘记了。

老师，我的作业还没有交。
还有谁没有交吗？

每次交作业董天宇都是最后一个交，他受到了白老师的批评。董天宇回到家将这件事告诉了爸爸。

每次交作业都是最慢的，下次好好改正啊！
爸爸，我是不是很笨呀？我作业每次都写得很慢。

爸爸告诉董天宇，他一点儿也不笨，而是没有找到学习的方法。

同学们都嘲笑我，老师也不是很喜欢我。
天宇，其实你一点也不笨。可能是你没找对学习的方法，我们一起想想办法，争取每天进步一点点。爸爸相信，只要你每天都在进步，当你的努力达到一定程度时，你就会赶上你的同学们了。

## 和心理博士聊聊天

问 每次作业我都写得很慢，我是不是很笨？

答 别急于否定自己，每个人都有自己的长处和短处。对于短处，接受自己目前的情况，分析问题出在哪里，正视挑战，将别人作为你的榜样，激发自己的学习动力，通过每天进步一点点，不断增强自己的自信心。

**行动指南：** 学习中遇到难题时，可以去请教老师或者家长，寻求他们的指导和建议，及时将难题解决，这样学习才能取得更大的进步。

# 3 改掉邋遢的坏习惯

爱整洁是一种积极的生活态度，不注重整洁不仅会给他人留下不好的印象，而且容易滋生细菌，不利于身体健康。

午饭时，郑多多好几次都把汤弄到了身上和桌子上。

怎么吃个饭弄得到处都是？
郑多多，你要把桌子收拾干净，不然我们就要被扣分了。

踢完足球后，郑多多出了一身的汗，妈妈让他去洗澡。

知道了，我知道了！
身上臭烘烘的，先去洗个澡吧。
不干不净，吃了没病。

第二天，郑多多起晚了，都没有洗漱就去上学了。同学们发现只要郑多多经过的地方，都会有一股难闻的味道。

多多，你又不洗漱了吗？
来不及了！
萌萌，早上好呀！
早上好，多多。你身上什么味道呀？

大家看到郑多多，全都远远地避开。

我身上怎么会臭烘烘的呀？

## 和心理博士聊聊天

问 不干不净，吃了没病。我不讲究卫生，有错吗？

答 有时吃了不干净的东西，虽然没有立刻生病，但不代表身体里没有进入有害细菌和病毒。没有立即生病，是因为我们的身体有免疫系统帮助抵抗病毒、细菌的入侵。但是长期不注重卫生，人体的免疫力会降低，诱发疾病的可能性就会增加。

**行动指南：**讲究个人卫生，早晚洗脸、刷牙，勤洗澡，更换干净衣服，不乱丢垃圾，不随地吐痰，修剪指甲，不吃过期食品等，慢慢养成良好的卫生习惯。

# 4 坚持锻炼身体并不难

锻炼身体需要持之以恒。经常锻炼身体可以强健体质，控制体重，提高身体免疫力，还能促进良好的睡眠。

要放暑假了，白老师给同学们布置了假期运动任务，要求同学们每天要坚持运动四十分钟，开学后要评选运动小明星。

郑多多想当运动小明星，所以放假第一天他便开始了训练。

假期我一定要好好锻炼，争当运动小明星。
运动小明星加油！

可是他还没有跑几步，就累得坐在长椅上休息起来。

好累呀！算了，我还是走吧，走路也是一种锻炼。
我太累了，先休息一会儿。
多多，和我一起跑步吧！

第二天，他勉强起床运动了半个小时，后面干脆放弃了训练。

真不想起床运动啊，要不今天就锻炼半个小时算了。

暑假过去了，郑小朵发现郑多多比以前更胖了。

哥，你该减肥了，要多运动。
可是坚持运动太难了。

## 和心理博士聊聊天

问 本来很想好好锻炼身体，可是练了一天就不想继续了，怎么办？

答 要学会战胜自己的惰性，从长远的角度来考虑锻炼身体的好处。哪怕是一些简单的运动，只要坚持了，就会有效果。

**行动指南：**将自己在运动中的小成就记录下来，比如今天坚持跑了两圈，比昨天多跑了一圈。用成就感来不断激励自己，增强自己坚持运动的自信心。

# 5 好的睡眠让你精力充沛

睡眠不足，第二天学习精力就会不足，上课容易打瞌睡，导致学习效率降低。长期睡眠不足还会导致大脑皮层功能紊乱，对身心健康产生危害。

该上床睡觉的时候，董天宇还在看漫画书。

董天宇，9:00了，该睡觉了。
知道了。
睡觉有什么意思，还是看会儿漫画书吧！

看着看着，他有些困了，可是躺在床上，脑子里还在想着漫画书的情节，怎么也睡不着。

熬不住了，还是睡觉吧！
好奇怪，怎么不困了？

第二天，妈妈叫他起床，他开始连连喊困。

好困啊！

由于没有睡好，董天宇在课堂上打起了瞌睡。

董天宇，醒醒！你怎么在课堂上睡着了？

## 和心理博士聊聊天

问 晚上睡不着，白天睡不醒，怎么办？

答 睡眠出现问题时，要及时进行自我调节，把已经乱了的生物钟调整过来。

**行动指南：** 晚饭不要吃得太晚，也不要吃得太饱，饮食要合理，多吃水果和蔬菜。睡前可以听一点儿轻音乐，这样有助于睡眠。

# 6 好好吃饭很重要

好好吃饭，对生长发育十分重要。在生活中，我们要及时纠正不良的饮食习惯，养成按时吃饭、不挑食的好习惯。

早上，妈妈叫齐萌萌过来吃早餐。

萌萌，快来吃早饭了。
我不饿，早饭就不吃了。

午餐时，齐萌萌把不爱吃的青菜夹到了李好好的菜盘里。

好好，我不想吃青菜，都给你吧。
不吃青菜对身体不好。

每天放学回到家，齐萌萌总是先吃零食。

还是零食比较好吃。
萌萌，该吃晚饭了。
妈妈，我不吃了，我吃零食就饱了。

日积月累，不良的饮食习惯危害到了她的身体健康。

萌萌，你怎么了?
我胃不舒服。
不好的饮食习惯，会对胃造成伤害的。

## 和心理博士聊聊天

问 我想吃啥就吃啥，不行吗?

答 不同的食物含有不同的营养物质，身体的发育离不开全面的营养，如果长期偏食、挑食，容易导致营养不良，出现一些健康问题。

**行动指南：**多吃蔬菜和水果，均衡饮食。养成不偏食、不挑食、不吃零食的好习惯。

# 7 如何管理零花钱？

消费时，我们需要权衡利弊，做出明智的决策，以免做出令自己后悔的行为。通过管理零花钱，我们可以学习合理分配和运用金钱，培养理财意识和能力，为未来的经济独立打下基础。

要开学了，妈妈给了李好好这个月的零花钱，让她用来买文具和其他需要的东西。

李好好约上齐萌萌一起去买新书包，当她们路过一家超市门口时，李好好看到了超市正在出售零食大礼包，她欣喜地想进去看看。

萌萌，马上要开学了，我们明天去买新书包吧。
哇！零食大礼包，我要进去看看。

齐萌萌连忙拉住了她，提醒她去买书包。李好好则表示自己不买书包了，要去超市看看。

我们不是去买书包吗？
那我就不买书包了。
哇！好漂亮，我要买这个娃娃。

最后，齐萌萌买了书包和文具。李好好买了一堆和学习无关的东西。

阿姨，我要这个娃娃。

回到家后，李好好看着自己买的东西哭笑不得，非常后悔。

经不住诱惑，买了这些东西，这学期的新书包泡汤了。

## 和心理博士聊聊天

问 遇到喜欢的东西，总是很想买怎么办？

答 在预算有限的情况下，想一想你喜欢的东西是不是当前需要的，如果不是的话，就提醒自己购买的后果，果断放弃。还可以给自己制订一个储蓄计划，坚持存钱达到购买的目标。控制购买欲望需要坚持和实践。

**行动指南：**为自己的零花钱制定预算。在自己能支配的范围内，规定消费数额，比如，多少钱用于买学习用品，多少钱用于买零食，多少钱用于买书，养成计划开支的好习惯。

# 8 学会延迟满足

我们都希望能马上拥有自己喜欢的东西，但是如果这些东西影响我们达到更大的更有价值的目标，我们就要学会克制与放弃。延迟满足能力强的人，将来也会获得更大的成就。

郑多多回到家，一眼就看到了桌子上香喷喷的炸鸡腿。他也顾不上洗手，拿起炸鸡腿就吃。

好棒啊！今天有炸鸡腿。
先偷偷吃一个。
郑多多，我不是说六点开饭吗，你怎么吃上了？
妈妈真是小题大做，不就是吃一个炸鸡腿吗！

吃完晚饭后，郑多多和郑小朵一起写作业。作业还没有写完，郑多多就要去看动画片。

大侦探马上要开始了，我得赶紧去看。
可是你的作业还没写完呢。
再不去看就来不及了。
不行，要写完作业才能去看动画片，你要知道哪件事情更重要。
好吧，那我写完再去看吧……

## 和心理博士聊聊天

问 写完作业，动画片就看不了了，我就不能先看动画片吗？

答 作业是学习任务，它可以巩固和检验我们的学习成果。科学的时间安排，应当是先做重要紧急的事情，再做不重要不紧急的事情，动画片属于不重要不紧急的事情，仅供我们娱乐。先完成作业再享受娱乐，这样有助于提高学习效率和成绩。

**行动指南：**有即时的欲望时，可以通过转移注意力的方式，寻找其他感兴趣的活动来替代，以此实现延缓满足。

# 9 养成勤奋的好品质

“天道酬勤”，一个人想有所成就离不开勤奋，在平时的学习生活中，我们需要有意识地去培养勤奋这个品质，克服懒惰，坚定信念。

齐萌萌和李好好一起上舞蹈课。才练了一会儿，李好好就累得坐在地上休息了。

好累呀!

课程结束后，舞蹈老师夸奖了齐萌萌。

萌萌跳舞非常勤奋、努力，动作做得也十分到位。
我家好好怎么样呀?

××室
好好有舞蹈天分，但是不够勤奋和努力，所以动作做得不是很完美。
老师说我有舞蹈天分，又说我不够勤奋，是夸我还是批评我呢？

妈妈告诉李好好，想要学好一门特长，要刻苦努力才行。

老师的意思是，大家的起跑线都是一样的，如果想学好一门特长，要更努力才行呀！

## 和心理博士聊聊天

问 跳舞好辛苦呀！不想练了行吗？

答 书山有路勤为径，学海无涯苦作舟。台上一分钟，台下十年功。学习是没有办法走捷径的，也不可能不吃苦就能达成目标。

**行动指南：**经常和勤奋的朋友一起学习，他们积极进取的行为和心态会促使我们更加上进。

# 10 做事急躁没耐心

不管在学习中还是生活中，我们做事都要有耐心。如果做事急躁没耐心，不仅事情很难做好，还会影响与他人的关系。

妈妈让正在看动画片的齐萌萌去买一瓶 ×× 牌的酱油。

齐萌萌放下遥控器，匆匆忙忙地出门，很快就来到了便利店。

妈妈说的是什么牌子的酱油来着？
算了，随便拿一瓶吧。
6.5 元。
收银台
坏了，忘带钱了。

有一次，郑小朵向齐萌萌请教怎么放风筝，齐萌萌讲了两遍，郑小朵还不太懂。

怎么还没有听懂，笨死了。

还有一次，齐萌萌和郑多多下棋，郑多多下棋动作慢。

快点儿，你怎么这么慢，烦死了。

因为齐萌萌做事急躁没有耐心，同学们都不爱理她了。

同学们怎么都不爱理我了？

## 和心理博士聊聊天

问 我都给她讲了两遍怎么放风筝，还不会，能不着急吗？

答 帮助同学是一件很好的事情，但是每个人的理解能力不一样，对于你的讲解，同学也需要时间去思考。如果因为同学的理解能力差而指责他，不仅会影响同学的正常思考，也有可能伤害到你们的友谊。

**行动指南：** 当对一件事情失去耐心时，可以通过做另外一件事情转移注意力。

# 11 做事总是三心二意

做事的时候三心二意，注意力不集中，不仅会延长做事的时间，还有可能漏洞百出。一般专注力越强的人，今后的成就也就越大，在平时的学习生活中，我们要注意对自己的专注力的培养。

董天宇回到家，一边写作业一边吃东西，结果，有一页作业忘写了。第二天，白老师批评了他。

真好吃……
这一页作业怎么没写……
我……

还有一天晚上，妈妈让天宇去遛狗。

天宇，去遛一会儿狗狗吧。

路过滑梯，他扔下狗绳去玩了，等他准备回家时，才发现小狗不见了。

天宇焦急地回到家，发现小狗自己跑回来了，这才安心。

妈妈，我刚才遛小狗的时候，跑去玩滑梯，就把小狗给忘了。
幸好小狗自己跑回来了，要是丢了怎么办呢？以后做事可不能三心二意了呀！

## 和心理博士聊聊天

问 总是会被更有意思的事情吸引，怎么办？

答 有意思的事情天然就具有吸引力，但是如果手里有更重要的事情要做，不妨给自己换一个环境，比如写作业的时候选在安静的书房，书桌上不堆放玩具、食物等东西。

**行动指南：**自己的专注力较差时，可以通过其他的方式，提升自己的专注力，比如下棋、练字等。

# 12 培养主动学习的意识

学习是自己的事情，通过主动学习，可以不断增长知识，掌握更多的技能，不仅能提高当前的学习成绩，还能保持竞争优势，获得更多的成就感和满足感，为未来的成功和幸福奠定基础。

课堂上，董天宇心不在焉，也不参与课堂互动。

董天宇，你来回答这个问题。
我……我不知道。

每天放学回到家，董天宇做的第一件事情就是看漫画书，妈妈好几次催促他去写作业也没有用。

异世大冒险

董天宇，赶紧写作业。
哦，知道了。

最后妈妈忍无可忍，训斥了董天宇，他才闷闷不乐地拿起作业本，勉强地做起作业。

数学

快期末考试了，董天宇不去复习，反而玩起了拼图游戏。结果，期末考试，董天宇好几门功课都没有考好，他很失落。

天宇，快期末考试了，赶紧去复习。
哦，知道了。

唉！这次又没考好。

## 和心理博士聊聊天

问 学习太累，如果妈妈不生气，我可以不学习吗？

答 学习不是为了爸爸妈妈，而是为了自己的未来和个人成长。如果因压力太大或者学业负担太重而感觉到累，建议与父母沟通一下，让父母及时了解你的学习状况，一起找到解决的方式，比如将学习的目标适当调低，减轻压力和缓解疲劳，找到适合自己的学习方式，提高学习的效率。

**行动指南：**在学习过程中，遇到问题或发现自己的不足之处，可以主动向老师、家长或同学寻求帮助，调整自己的学习方法，提高学习效率。

# 13 做事不能总让家长代办

在日常生活中，做事情不能总是让家长为我们代办，真正的成长是需要自己独立面对挑战，克服困难。自己的事情自己做是通往成功的第一步。

吃早饭时，妈妈给董天宇倒牛奶，爸爸给他剥鸡蛋。

出门时，爸爸帮他背书包，妈妈给他系鞋带。

董天宇和金小豆户外跑步时，董天宇的鞋带开了。董天宇看着松开的鞋带，不知道怎么办才好。

天宇,你鞋带开了,
别绊倒了。

平常都是妈妈帮系鞋带，这个怎么系呀?

吃午饭时，董天宇不会剥虾。

金小豆，你可以帮我剥虾吗?
天宇，自己的事情要学着自己做，如果总是让别人代办，长大后就什么也不会做了。

## 和心理博士聊聊天

问 我是爸爸妈妈的宝贝，他们会帮我做所有的事吗?

答 父母是我们的第一任老师，当我们遇到困难和挑战时，他们有责任和义务指导和帮助我们，但是并不是所有的事情都可以依赖父母的。自己力所能及的事情应该自己去完成，我们应当通过做成的一件件小事培养自己的自信心和独立性。

**行动指南：**自己是家庭的一分子，家务事也有自己的一份，可以先从简单的擦桌子、扫地、洗袜子做起，培养自己的动手能力和家庭责任感。

# 14 害怕失败，不敢尝试新事物

很多时候，我们会因为害怕失败而不敢尝试新事物，导致失去了很多机会。可是如果你不去尝试一下，就永远不会成功，还不如大胆地去尝试，万一成功了呢？

齐萌萌在小区看到一个小弟弟骑着自行车从她面前经过，很是羡慕。

小弟弟都会骑自行车了，我还不会呢。

不一会儿，李好好和郑小朵一起骑着自行车有说有笑地停在了齐萌萌面前。

萌萌，我们一起骑车去玩儿吧?
我怕摔倒。
你们去玩儿吧，我还有事。

有一次，学校举办跳舞比赛，李好好推荐了跳舞很好的齐萌萌。

哪位同学想代表咱们班参加跳舞比赛呢？
老师，我感觉齐萌萌很适合，她的舞蹈基本功很好。

好想参加，为班级争光。

算了，还是不参加了。

可是齐萌萌心里很是纠结，因为她担心自己万一输了比赛……

## 和心理博士聊聊天

问 因为害怕失败，导致什么都不敢尝试，怎么办？

答 对自己的能力不够自信，所以总是先想到最坏的结果，一想到这些结果就退缩了。可是如果不去尝试，永远也不会掌握新的技能。

**行动指南：** 加强积极、正面的心理暗示，给自己勇气和信心，想一想自己的能力，暗示自己并没有那么糟，可以做得很好。